小小消防员

[美]斯图尔特·J.墨菲　文　　[美]伯妮丝·卢姆　图　　静博　译

海峡出版发行集团　福建少年儿童出版社
THE STRAITS PUBLISHING & DISTRIBUTING GROUP　FUJIAN CHILDREN'S PUBLISHING HOUSE

分类

献给夏洛特，她像纽扣一样可爱。

——斯图尔特·J.墨菲

献给"小羽毛"和他的小狗。

——伯妮丝·卢姆

3 LITTLE FIREFIGHTERS

Text Copyright © 2003 by Stuart J. Murphy

Illustration Copyright © 2003 by Bernice Lum

Published by arrangement with HarperCollins Children's Books, a division of HarperCollins Publishers through Bardon-Chinese Media Agency

Simplified Chinese translation copyright © 2023 by Look Book (Beijing) Cultural Development Co., Ltd.

ALL RIGHTS RESERVED

著作权合同登记号：图字 13-2023-038号

图书在版编目（CIP）数据

洛克数学启蒙.2.小小消防员 / (美) 斯图尔特·
J.墨菲文；(美) 伯妮丝·卢姆图；静博译.－－福州：
福建少年儿童出版社，2023.9
ISBN 978-7-5395-8094-4

Ⅰ.①洛… Ⅱ.①斯… ②伯… ③静… Ⅲ.①数学－
儿童读物 Ⅳ.①O1-49

中国国家版本馆CIP数据核字(2023)第005828号

LUOKE SHUXUE QIMENG 2 · XIAOXIAO XIAOFANGYUAN

洛克数学启蒙2·小小消防员

著　　者：［美］斯图尔特·J.墨菲　文　［美］伯妮丝·卢姆　图　静博　译
出 版 人：陈远　出版发行：福建少年儿童出版社　http://www.fjcp.com　e-mail:fcph@fjcp.com　社址：福州市东水路76号17层（邮编：350001）
选题策划：洛克博克　责任编辑：曾亚真　助理编辑：赵芷晴　特约编辑：刘丹亭　美术设计：翠翠　电话：010-53606116（发行部）　印刷：北京利丰雅高长城印刷有限公司
开　　本：889 毫米 ×1092 毫米　1/16　印张：2.5　版次：2023 年 9 月第 1 版　印次：2023 年 9 月第 1 次印刷　ISBN 978-7-5395-8094-4　定价：24.80 元

小小消防员

我们是 3 名小小消防员。
快点快点，让我们把消防服穿好。

一个小时以后，队伍开始接受检阅，
我们必须展现出最好的姿态。

糟糕！我们的纽扣不见了！
这可怎么办？
没有纽扣，肚子就会露在外面，
连肚脐眼儿都会被大家看到的。

我们得去找些纽扣，还必须能够配成套。
每件衣服需要4颗纽扣，数量少了可不行。

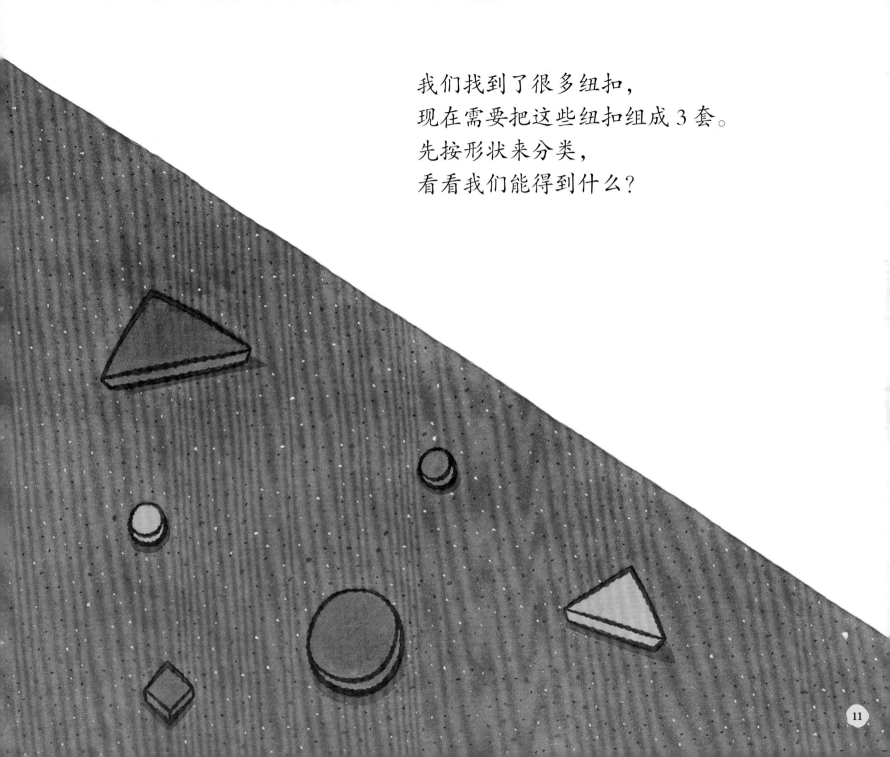

我们找到了很多纽扣，
现在需要把这些纽扣组成 3 套。
先按形状来分类，
看看我们能得到什么？

"我找到了一组圆圆的纽扣！"

可是另外两组不完整。
等我们走在街上的时候，
肚脐眼儿还是会露在外面。

小斑点，我们遇到麻烦了，
现在没时间和你玩。
我们得赶紧穿上靴子，
马上出发去找扣子！

丁零，丁零！

丁零，丁零！

我们要抓紧时间了。
我们必须找到 3 组成套的纽扣。

现在按颜色来分类，
看看我们能得到什么？

17

"我们的纽扣配齐了！"

"可是……我的还没有。
等到接受检阅的时候，
我的肚脐眼儿还是会露在外面。"

嗚嗚嗚嗚!

20

呜呜呜呜！

小斑点，别调皮。
我们还没准备好呢。

让我们按大小来分类吧。

看看能得到什么？

现在，我们每个人都有 4 颗纽扣，
大号、中号和小号。
这下我们的肚脐眼儿再也不会露出来了。

汪，汪！

小斑点，别叫了。
一切准备就绪。
现在，我们要把纽扣缝到衣服上。
"等等！我丢了一颗纽扣。"

让我们到处找一找，一定会找到的！
把这个地方上上下下、仔仔细细地找一遍！
消防车下面也不要放过！

等等——

快看，小斑点找到了什么？

丁零，丁零！呜呜！

呜呜！汪，汪！

现在，所有的纽扣都缝在衣服上了。
我们全部准备好了。
我们是 3 名小小消防员，
还有我们的狗狗——小斑点！

汪汪！

写给家长和孩子

　　《小小消防员》中所涉及的数学概念是分类。学会将物体按照某种属性（如颜色、形状或大小）进行分类，能为孩子以后学习规律、数字、绘图、几何和测量等知识奠定基础。

　　对于《小小消防员》中所呈现的数学概念，如果你们想从中获得更多乐趣，有以下几条建议：

　　1. 和孩子一起读故事，并让孩子留意每个消防员外套上的纽扣。问问孩子，每件外套上的纽扣有什么相同和不同之处。

　　2. 准备 12 张卡片，卡片上画出故事里的 12 颗纽扣。读故事时，让孩子用手里的卡片来模拟故事中发生的事情。

　　3. 读完故事后，让孩子像故事中那样，对纽扣卡进行分类。请孩子说说他是如何分类的。

　　4. 准备一些卡片，在每张卡片上写下一位家庭成员的名字。让孩子对这些名字进行分类，并询问他是遵循什么规则进行分类的。例如，他可以按照名字的长度、名字主人的性别进行分类。

　　5. 在纸片上写英文字母，每张纸片上只写一个字母。让孩子对这些字母进行分类，并询问他是遵循什么规则进行分类的。例如，他可能会根据字母是否对称或者是否具有弯曲的线条进行分类。

如果你想将本书中的数学概念扩展到孩子的日常生活中，可以参考以下这些游戏活动：

1. 超市购物：去超市购物时，让孩子对不同的包装进行分类。例如，他可以根据包装能不能滚动进行分类，也可以根据包装里装的是不是食物来进行分类。

2. 鞋店探秘：和孩子一起去鞋店，观察店里所有不同类型的鞋子。问问孩子，他能按哪些方式对这些鞋子进行分类。例如，他可以按照穿鞋子的场合（工作场合或游玩场合）、鞋子的大小或鞋子适合的性别来分类。

3. 纽扣游戏：你需要收集许多颗不同大小、形状和颜色的纽扣，再准备一张画有圆圈的纸。让第一位玩家选出一组纽扣（例如，全部是圆形的或全部是红色的），并将它们放在圆圈内，然后让第二位玩家来猜分类规则。

洛克数学启蒙

《虫虫大游行》	比较
《超人麦迪》	比较轻重
《一双袜子》	配对
《马戏团里的形状》	认识形状
《虫虫爱跳舞》	方位
《宇宙无敌舰长》	立体图形
《手套不见了》	奇数和偶数
《跳跃的蜥蜴》	按群计数
《车上的动物们》	加法
《怪兽音乐椅》	减法

《小小消防员》	分类
《1、2、3，茄子》	数字排序
《酷炫 100 天》	认识 1~100
《嘀嘀，小汽车来了》	认识规律
《最棒的假期》	收集数据
《时间到了》	认识时间
《大了还是小了》	数字比较
《会数数的奥马利》	计数
《全部加一倍》	倍数
《狂欢购物节》	巧算加法

《人人都有蓝莓派》	加法进位
《鲨鱼游泳训练营》	两位数减法
《跳跳猴的游行》	按群计数
《袋鼠专属任务》	乘法算式
《给我分一半》	认识对半平分
《开心嘉年华》	除法
《地球日，万岁》	位值
《起床出发了》	认识时间线
《打喷嚏的马》	预测
《谁猜得对》	估算

《我的比较好》	面积
《小胡椒大事记》	认识日历
《柠檬汁特卖》	条形统计图
《圣代冰激凌》	排列组合
《波莉的笔友》	公制单位
《自行车环行赛》	周长
《也许是开心果》	概率
《比零还少》	负数
《灰熊日报》	百分比
《比赛时间到》	时间